Bisamrattenstaat

Henry Abbott

Writat

Diese Ausgabe erschien im Jahr 2024

ISBN: 9789359944081

Herausgegeben von
Writat
E-Mail: info@writat.com

Bisamrattenstadt

Der irische Koch stellte dem Kapitän des Schiffes eines Tages folgendes Rätsel: „Ist irgendetwas verloren gegangen, von dem Sie wissen, wo es ist?" Der Kapitän versicherte ihm, dass in diesem Fall das Ding nicht verloren gegangen sei. Und Dennis antwortete: „Na, sicher ist der Kessel sicher, denn er liegt auf dem Meeresgrund."

Bige und ich dachten, wir hätten uns verirrt. Wir kannten den Weg zu unserem Ziel nicht. Wir kannten den Weg zurück nach Hause nicht. Aber als wir erkannten, dass wir uns im Herzen des weglosen Waldes befanden, wussten wir, dass wir vollkommen sicher waren.

Wir hatten an diesem Morgen ein frühes Frühstück im „Dan'l Boone Camp" eingenommen. Wir hatten Sandwiches zum Mittagessen gemacht, sie in Papier eingewickelt, die Pakete an den Seiten unserer Fischkörbe befestigt und waren zum Plum Pond aufgebrochen, wo wir etwas angeln wollten.

Wir waren fünf Stunden unterwegs und hatten Plum Pond noch nicht erreicht. Tatsächlich waren wir ziemlich sicher, dass wir rechts oder links daran vorbeigekommen waren. Es war auch möglich, dass wir in der letzten Stunde nach Nordwesten statt nach Südwesten gefahren waren. Es regnete und wir hatten nicht oft auf den Kompass geschaut. Es hatte in den letzten drei Stunden geregnet, und jetzt regnete das Wasser in einer Flut, und wir waren bis auf die Haut durchnässt. Unsere Schuhe waren mit Wasser gefüllt und als wir darauf stapften, schwappte es bei jedem Schritt. Wir waren verwirrt, aber es würde nichts nützen, anzuhalten oder umzukehren, also gingen wir weiter.

Als wir schließlich einen Grat überquerten und den steilen Hang hinabstiegen, sahen wir unten im Tal eine Lichtung. Bige rief: „Meine Güte! Verdammt nochmal ! Wenn das nicht Muskrat City ist." Die Kartografen hatten den Ort nicht entdeckt und Bige hatte noch nie davon gehört, doch als er ihn sah, wusste er sofort, dass er Muskrat City hieß und das soll auch so bleiben, sofern er nicht durch ein Gesetz geändert wird.

Am Grund eines tiefen Tals, das auf beiden Seiten von steilen Hügeln umgeben war, standen in der Mitte einer Biberwiese etwa zwanzig oder mehr kegelförmige Lehmhütten, die an der Basis etwa zweieinhalb Fuß hoch und drei Fuß im Durchmesser waren. In jeder dieser Hütten lebte ein männlicher Bisamrattenbock mit seiner Frau und seiner Familie aus sieben bis neun Kindern. Es gab auch zahlreiche unverheiratete Bisamratten, die allein in Löchern im Ufer hausten.

Falls einige unserer Leser nicht mit einer „Biberwiese" vertraut sind, möchten wir erklären, dass vor langer Zeit, vielleicht vor zweihundert oder fünfhundert Jahren, Biber hier lebten und wie alle Biber einen Damm über den Bach bauten. Der Damm staute das Wasser des Bachs und überschwemmte den Talboden, wodurch alle Bäume ertränkt wurden, die nicht von den Bibern gefällt und geschält wurden. Diese Bäume fielen natürlich um und verrotteten, so dass nicht einmal Stümpfe oder Wurzeln übrig blieben. Im Laufe der Zeit wurden die Biber entweder von Fallenstellern ausgerottet oder sie hatten ihre Nahrungsvorräte in diesem Tal erschöpft und wanderten dann zu einem anderen Bach aus. In Abwesenheit der Bauarbeiter, die ständig Reparaturen durchführen müssen, war der Damm gebrochen und das darin befindliche Gestrüpp verrottet. Nur die Steine und die Erde, die beim Bau verwendet wurden, blieben übrig und markierten die Stelle, an der er einst einen mehrere Hektar großen Biberteich zurückgehalten hatte. Dieser Platz war einige Jahre lang sumpfig geblieben und es wuchsen keine Bäume darauf. Es war jetzt mit üppigem Gras bedeckt.

Solche Stellen findet man häufig im Wald und sie sind immer als Biberwiesen bekannt. Sie markieren zweifelsohne Stellen, an denen einst Biberkolonien lebten, auch wenn das schon viele Jahre her sein könnte.

Die weitsichtigen, vorausschauenden Pioniere, die sich im Bundesstaat Iowa niederließen, haben mit prophetischer Weisheit und bürgerlichem Stolz und Hoffnung die Schilder ihrer Gemeinden mit dem Wort „Stadt" versehen. Nach Ablauf von achtzig Jahren ergab die letzte Volkszählung, dass in diesem Bundesstaat 23 „Städte" weniger als tausend Einwohner hatten. Von diesen hatten sechs weniger als dreihundert Einwohner. „Promise City" hat in achtzig Jahren zweihundertachtundsiebzig Einwohner gewonnen, während „Walnut City" mit dreißig den Rekord bricht.

Wir wussten damals nicht und wissen auch heute nicht, wie viele Einwohner Muskrat City hatte, sind aber davon überzeugt, dass es mehr Einwohner waren als in einigen Städten Iowas.

Als wir das Tal erreichten, hörte es auf zu regnen und nach ein paar Minuten schien die Sonne. Wir waren nicht nur nass, sondern merkten jetzt auch, dass wir hungrig waren. Unsere übliche Mittagszeit war schon lange vorbei. Wir hatten die Fischkörbe von unseren Rücken genommen und stellten fest, dass unsere Sandwiches durch den Regen zu einem matschigen Brei mit Papierbrei zerfallen waren. Tatsächlich war ein beträchtlicher Teil unserer Rationen in flüssige Form überführt und entlang unseres Weges durch den Wald verteilt worden.

Ohne Zeit mit Fluchen oder Diskussionen zu verschwenden, machte sich Bige sofort daran, am kiesigen Ufer des Baches ein Feuer zu machen. Dies war eine jener Gelegenheiten, bei denen sich eine wasserdichte

Streichholzschachtel als nützlich erwies. Aber man sollte auch wissen, wie man im Wald ohne Streichhölzer ein Feuer macht. Jeder Pfadfinder kann Ihnen sagen, wie es geht.

Die Natur hat für Notfälle wie diesen gemaserte Birkenrinde als Anzündematerial bereitgestellt, und auf der windabgewandten Seite des Baumes ist sie normalerweise trocken. Nach wenigen Minuten brannte ein prasselndes, prasselndes Feuer, und unsere Kleidung – soweit es unsere natürliche Bescheidenheit zuließ – hing an jungen Bäumen, die wir gefällt und rund um das Feuer in den Boden gesteckt hatten.

Während ich diese Arbeit machte, spannte ich meine Angel auf, ging den Bach hinauf bis zum Waldrand und fing in einem tiefen Loch einige Forellen. Ich fing mit etwa doppelt so vielen Würfen sechs schöne Exemplare.

Bige bereitete den Fisch zu, während ich gestreifte Ahornblätter holte. Sie sind etwa so groß wie Kohlblätter, aber dünner. Jeder Fisch wurde in eines dieser Blätter gewickelt, das mit einem Stück Schnur festgebunden wurde. Die Pakete wurden dann in den Bach getaucht, um die Blätter zu befeuchten, und in heißer Asche vergraben und mit glühenden Kohlen bedeckt. Nach etwa fünfzehn Minuten zogen wir unseren Fisch aus dem Feuer. Die Verpackungen waren verkohlt und sahen aus wie verbrannte Stöcke. Als wir sie aufbrachen, stellten wir fest, dass die Haut des Fisches an den verkohlten Blättern klebte und sich vom Fleisch löste, das rosa und dampfend war.

Um den köstlichen Geschmack frisch gefangener Forellen zu bewahren, ist dies die beste mir bekannte Kochmethode. Als Umhüllung eignet sich eine dünne Innenschicht aus grüner Birkenrinde oder ein Stück Papier, falls vorhanden.

Es gibt zahlreiche andere Kochmethoden, bei denen die üblichen Küchenutensilien fehlen. Eine davon haben wir wie folgt praktiziert: Das angespitzte Ende eines schlanken grünen Baums wird durch das Maul eines Fisches und der Länge nach in den festen Teil seines Körpers gesteckt. Das andere Ende des Stocks, der drei Fuß lang sein sollte, wird in den Boden gestoßen und der Stock so gebogen, dass der Fisch direkt über ein Bett aus glühenden Kohlen kommt – nicht über das Feuer. Mit dieser Methode können mehrere Fische gleichzeitig gegrillt werden. Bei anderen Gelegenheiten haben wir ein größeres Feuer mit größeren Holzstücken gemacht, einige flache Steine mit einem Durchmesser von zwölf bis fünfzehn Zoll gefunden, die wir ins Feuer gelegt haben, und als sie ziemlich heiß waren, haben wir sie herausgezogen und unsere Fische zum Grillen auf die Steine gelegt. Dies ist auch eine ausgezeichnete Methode, um Speck zu braten, und wir wenden sie manchmal sogar an, wenn eine Bratpfanne zur Hand ist. Natürlich haben wir die Steine im Bach gewaschen, bevor wir sie ins Feuer gelegt haben. Aber man kann ziemlich sicher sein, dass das Feuer alle Mikroben abtötet, die der Stein möglicherweise beherbergt.

Frisch geschälte Birkenrinde eignet sich hervorragend als Teller zum Servieren einfacher Mahlzeiten wie beschrieben.

Nachdem das Mittagessen beendet war und unsere Kleidung trocken war, besprachen wir unseren nächsten Schritt. Da niemand mehr bei Dan'l war, der sich über unsere Abwesenheit Sorgen machen könnte, beschlossen wir, über Nacht in Muskrat City zu bleiben und uns dann frühmorgens auf den Weg zum Beginn eines Weges in die Zivilisation zu machen.

Bei der Durchführung dieses Programms bestand der erste Schritt darin, einen Unterschlupf und ein Bett vorzubereiten. Das Fehlen einer Axt war ein Nachteil, aber unsere großen Taschenmesser waren für den Einsatz gemacht. Ungefähr drei Meter von unserem Kamin entfernt lag der moosbedeckte Körper einer Kiefer, die möglicherweise vor fünfzig oder fünfundsiebzig Jahren über die Wiese gefallen war. Wir schnitten zwei Setzlinge ab und rammten sie sieben Fuß vom Stamm entfernt und in einem Abstand von fünf Fuß in den Boden, wobei wir an jedem dieser Pfosten fünf Fuß über dem Boden eine Gabel ließen. Eine Stange wurde quer in die beiden Gabeln gelegt, und weitere Stangen wurden schräg von hier aus zum Baumstamm gelegt. Dann schälten wir gelbe Birkenrinde, um das Dach zu bedecken, und verankerten die Rinde mit schweren Stöcken darüber. An beiden Seiten stapelte sich Buschwerk, das ausreichenden Schutz vor dem Wind bot und die Vorderseite zum Feuer hin offen war. Balsamzweige wurden für das Bett gesammelt und etwas Feuerholz gesammelt; Dann gingen wir flussabwärts, um zu angeln und die Gegend zu erkunden.

In den letzten 25 Jahren haben Bige und ich viele ähnliche Nachtunterkünfte in weit voneinander entfernten Teilen des Waldes gebaut. Auch wenn es geregnet hat, haben wir bequem darunter geschlafen. Gelegentlich haben wir morgens weißen Reif auf dem Boden gefunden. Der Wald stellt die benötigten Materialien zur freien Verfügung, und die damit verbundene Arbeit ist nur ein Teil des Vergnügens, den Wald zu erkunden.

Eine halbe Meile flussabwärts fanden wir, dass er in einen größeren Bach mündete, wo wir bald einen Korb mit Forellen füllten. Außerdem haben wir einen Hut voll Himbeeren gepflückt. Pünktlich zu einem frühen Abendessen kehrten wir in die Stadt zurück und da wir kein Geschirr zum Abwaschen hatten , hatten wir genügend Zeit, unseren wahrscheinlichen Standort und den vielversprechendsten Kurs für den nächsten Morgen zu besprechen.

Der größte Reiz der Erkundung liegt in der Ungewissheit, immer das zu finden, was man zu finden beginnt, und in der gleichen Gewissheit, dass man möglicherweise etwas anderes findet, möglicherweise sogar noch interessanter oder wertvoller als das, was auf dem Programm stand.

Kolumbus gelang es nicht, einen westlichen Weg nach Indien zu finden, aber er fand etwas anderes und wurde in die Geschichte und seine Büste in die Ruhmeshalle aufgenommen.

Bige und ich haben es nicht geschafft, Plum Pond zu erreichen, aber wir haben etwas Besseres gefunden. Das Angeln in unseren beiden Bächen ließ keine Wünsche offen. Es gab Hinweise darauf, dass die Jagd in diesem „Waldhals" zu Beginn der Jagdsaison gut sein würde, und es war unwahrscheinlich, dass andere Jäger in diesen abgelegenen Abschnitt vordringen würden. Bige sah große Chancen in der Pelzzucht, wenn die Jagd beendet sein und mit dem Fangen beginnen sollte.

Obwohl wir uns also hoffnungslos in einem „undurchdringlichen Wald" verirrt hatten, schliefen wir bequem und friedlich und krochen nur gelegentlich aus unserem Nest, wenn das Feuer ein weiteres Stück Holz brauchte. Nur bei solchen Gelegenheiten sahen oder hörten wir die ständigen Bewohner von Muskrat City. Wenn das Feuer angefacht und ein frisches Stück Holz darauf geworfen wurde, wodurch ein Funkenregen aufstieg, hörte man eine schnelle Folge von Platschen, wenn fünfzehn oder zwanzig Ratten in den Bach stürzten und zu ihren Verstecken huschten. Ansonsten gingen sie schweigend ihren Geschäften nach.

Gegen sieben Uhr am nächsten Morgen erklommen wir den Bergrücken, über den wir nach Bisamrattenstadt gekommen waren, und gingen unter sorgfältiger Beachtung der Orientierungspunkte in allgemeiner östlicher Richtung weiter. Normalerweise kann man in einem unbewaldeten Wald nur eine kurze Distanz sehen . Nach zwei Stunden langsamer und beschwerlicher Fahrt erklommen wir einen hohen und steilen Hügel. Als wir uns dem Gipfel näherten , bemerkten wir einen Felsvorsprung auf dem Gipfel. Als wir auf den Gipfel kletterten, hatten wir einen freien und weiten Blick über Täler und Ausläufer und sahen in alle Richtungen Berggipfel.

Owl's Head Mountain in der Ferne

Weit im Nordosten ragte der höchste Gipfel von allen empor, und wir erkannten an seiner Höhe und seinen zwei runden, kahlen Noppen, dass es Owl's Head Mountain war. Wir wussten auch, dass es vom Gipfel des Owl's Head bis zum Dan'l Boone Camp nur drei Kilometer waren. Wir richteten den Kompass auf diesen Gipfel und machten uns auf den Heimweg. Viele Jahre lang hatten Bige und ich auf allen Seiten dieses Berges und in seinen Ausläufern Rebhühner und Hirsche gejagt. Wir waren auch oft auf seinem kahlen Gipfel gewesen. Wenn wir jetzt in seinen Schatten zurückkehrten, würden wir uns also auf vertrautem Boden befinden.

Jim Flynn lebt jetzt auf dem Owl's Head Mountain, von der Schneeschmelze im Wald im Spätfrühling bis zum erneuten Schneefall im Herbst. Jim ist bei der State Conservation Commission angestellt, um auf Brände in den Wäldern zu achten. Wenn Jim irgendwo in seinem Sichtbereich den Ausbruch eines Feuers entdeckt, meldet er dies und den Ort per Telefon dem Chef der Feuerwehrzentrale, woraufhin Männer mit Werkzeugen aus der nächstgelegenen Siedlung entsandt werden, um das Feuer zu löschen, bevor es darüber hinausgeht Kontrolle. Dieser Dienst wurde 1909 mit Aussichtsstationen auf den Gipfeln aller hohen Gipfel im Adirondack-Gebirge eingerichtet. Seitdem gab es in dieser Region keine verheerenden Waldbrände mehr.

Jim Flynn

Jim lebt in einer Blockhütte, die er direkt unterhalb des Felsvorsprungs gebaut hat, der den Gipfel bedeckt. Auf dem höchsten Punkt trägt ein 10 Meter hoher Stahlturm seine Aussichtsstation über den Baumwipfeln. Dies ist ein ziemlich einsamer Ort, an dem man das halbe Jahr leben kann. An regnerischen Tagen, wenn die Gefahr eines Brandes gering ist, darf Jim seine Familie in der Siedlung am See besuchen und frische Vorräte mitbringen.

Jim Flynns Hütte

Jim freut sich, wenn Besucher ihn in seinem Ferienort auf dem Berggipfel besuchen, und um sie zu ermutigen, hat er einen ausgezeichneten Weg zum nächstgelegenen Punkt am Long Lake, etwa drei Meilen, angelegt und ihn mit Schildern markiert, die den Weg nach oben weisen Berg. Jim leiht Ihnen sein Fernglas, nennt Ihnen die Sehenswürdigkeiten, kocht Kaffee für Sie, wenn Sie das Zeug dazu mitbringen, und bespricht mit Ihnen die neuesten politischen Fragen, Philosophie oder Religion.

Jim in seinem Aussichtsturm

In einem Buch mit dem Titel „The Adirondack, or Life in the Woods", das 1849 veröffentlicht wurde, schreibt JT Headley, der Autor, über seinen Besuch auf dem Gipfel des Owl's Head Mountain mit seinem Führer Mitchell Sabattis, einem Indianer, und dem erster Siedler am Long Lake. Headley sagt, dass sie sich bei der Rückkehr „verirrt und vierzehn Stunden lang ohne Essen" hatten. Er beschreibt die Aussicht von der Spitze des Owl's Head wie folgt:

> „Es blickt auf eine Aussicht, die Ihr Herz in Ihrer Brust
> stillstehen lassen würde. Schauen Sie weg zu diesem fernen
> Horizont! In seinem weiten Bogen um den Himmel dauert
> es fast vierhundert Meilen, während dazwischen ein Ozean
> schlummert, aber es ist ein Stellen Sie sich, wenn Sie
> können, diese weite Fläche vor, die sich ausdehnt und
> ausdehnt, bis das helle Grün in ein tiefes Schwarz
> übergeht, ohne dass ein Geräusch die Einsamkeit
> durchbricht und nicht eine Handbreit Land im Blick ist
> Das Ganze ist ein riesiger Waldozean mit Bergkämmen als
> Wogen, die sanft und sanft dahinrollen wie die

nachlassende Dünung eines Sturms Tannenbäume unten, und blicken Sie auf dieses überaus wilde und seltsame Spektakel. Das Leben, das Dörfer, Städte und bebaute Felder einer Landschaft verleihen, ist hier nicht vorhanden, ebenso wenig wie die Kargheit und Wildheit der Aussicht von Tahawus Vegetation – üppige, gigantische Vegetation; aber der Mensch hatte daran keine Hand. Es steht so da, wie der Allmächtige es geschaffen hat, majestätisch und still, außer wenn der Wind oder der Sturm darauf bläst und seine unzähligen tiefen Stimmen weckt, die singen:

„Der wilde, tiefe, ewige Bass
in der Hymne der Natur."

Oh, wie still und feierlich schlummert es unter mir; während in weiter Ferne, links, die gewaltigen Gipfel der Adirondack-Kette in den Himmel ragen, die hier durch die Entfernung in Schönheit gemildert werden. Dennoch gibt es in dieser riesigen Waldeinsamkeit eine Erleichterung: Wie Edelsteine, die in einem Moosbett schlafen, glitzern überall Seen im hellen Sonnenschein. Wie ruhig und vertrauensvoll ruhen sie im Schoß der Wildnis! Sechsunddreißig, erzählt mir ein Jäger, können von diesem Gipfel aus gezählt werden, obwohl ich nicht mehr als zwanzig sehe. * * * Einige davon sind vier bis sechs Meilen breit, und dennoch sehen sie aus dieser Entfernung und inmitten einer solchen Grünmasse wie bloße Teiche aus.

Ich habe viele Aussichten auf Berge in dieser und der alten Welt bestaunt, aber dieser Anblick hat eine völlig neue Klasse von Emotionen geweckt.

Jim bewirtet einen Gast auf dem Berg

Als Bige und ich von unserem Aussichtspunkt den steilen Hang hinabstiegen, waren wir schnell zwischen den immergrünen Pflanzen begraben und hatten nur einen freien Blick auf den blauen Himmel und die schwebenden Wolken über den hohen Baumwipfeln. Angesichts der Erfahrungen des Vortages wurde häufig der Kompass zu Rate gezogen, aber die Reise war schwierig und die Fortschritte langsam.

Eine Stunde später stießen wir auf eine kleine Blockhütte mit einem Dach aus Fichtenrinde, ohne Boden, aber einer Schlagtür und einem Fenster. In einer Ecke befand sich ein einfacher Kamin aus Steinen mit zwei Ofenrohrlängen, die als Schornstein durch das Fenster führten. Gegenüber dem Kamin befand sich ein Balsambett und in einer anderen Ecke ein Haufen Fichtenholz. Außerdem gab es eine Bratpfanne, einen Weißblechteller, ein Messer und eine Gabel und auf einem Regal aus Rinde einige Lebensmittel. Wir verließen die Hütte und trafen auf einem Weg in der Nähe der Hütte auf ihren zurückkehrenden Besitzer. Sein Alter war ungewiss, aber er hatte weißes Haar und einen weißen, struppigen Bart. Er trug eine Tasche, die teilweise mit Kaugummi gefüllt war, und in einer Hand eine lange Stange, an deren einem Ende ein kleines schaufelförmiges Stück Stahl befestigt war. Mit diesem Gerät löste er einen Gummiknäuel, der zu hoch am Baumstamm saß, um anders erreicht zu werden.

Es stellte sich heraus, dass es sich bei dem Mann um Sam Lapham handelte. Bige kannte ihn und ich hatte oft von ihm gehört. Sam verbrachte den größten Teil des Sommers damit, Fichtenharz zu sammeln, das er zu einem guten Preis verkaufen konnte. Dieser wenig besuchte Teil des Waldes war während der „Gummisaison" einer seiner Campingplätze. Der klebrige Saft der Fichte sickert durch Risse im Holz heraus und sammelt sich an der Rinde, wo er in Klumpen von der Größe eines Kinderdaumens bis hin zur Größe eines Hühnereies hängt. Im Laufe der Jahre, in denen es der Luft ausgesetzt ist, kristallisiert dieses pechartige Material, „reift" und wird zu Fichtenharz. Auf Nachfrage erfuhren wir, dass eine ständige Nachfrage nach Fichtenharz besteht, das Angebot jedoch unzureichend ist, da sich nur wenige mit dem Sammeln beschäftigen. Es scheint, dass ein paar Pfund geklärter Fichtengummi und eine gleiche Menge „Chicle" aus Südamerika mit einer Wagenladung Paraffinwachs und etwas Aromaextrakt vermischt werden, was den „Kaugummi" des Handels ergibt, der von diesem vertrieben wird -Cent-Spielautomaten und bietet Bewegung für die Kiefermuskulatur der heranwachsenden Generation. Schätzungen zufolge werden in den Vereinigten Staaten jedes Jahr mehr als fünf Millionen Dollar für Kaugummi ausgegeben.

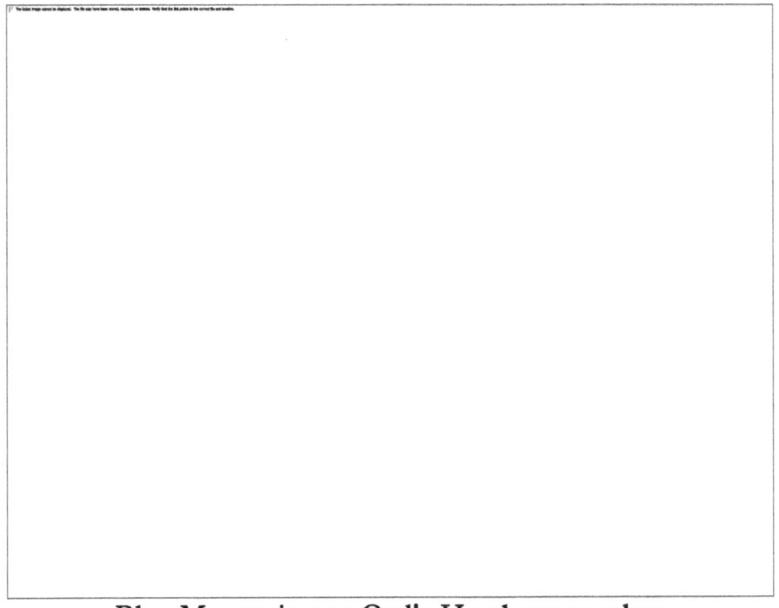

Blue Mountain von Owl's Head aus gesehen

Es ist auch möglich, reines Fichtenharz zu kauen, so wie es vom Baumstamm abgebrochen wird. Ich habe es versucht. Bei dieser Operation muss man „aufpassen", um Wundstarrkrampf zu vermeiden. Zumindest muss man vorsichtig sein, bis der Kaugummi gut „angesetzt" ist. Ich habe gehört, dass man an manchen Orten gegen Aufpreis bereits „angesetztes" Fichtenharz kaufen kann.

Wir erreichten Dan'l's rechtzeitig für ein spätes Mittagessen und waren von unserer Leistung keineswegs betroffen. Während wir auf unserem

Aussichtsberg waren, erkannten wir mehrere Seen und Teiche und erfuhren, dass Plum Pond weit von Muskrat City entfernt und südlich davon lag. Während wir dort waren, erstellten wir außerdem auf einem Stück Birkenrinde eine topografische Karte der sichtbaren Region und legten eine neue Route nach Muskrat City fest. Diese Route war keine direkte Luftlinie. Der Weg war zwar umständlich, vermied aber die Sümpfe, die tiefen Täler und die steilen Kämme und gelangte am Bach entlang in die Stadt.

Nachdem wir zu unserem Hauptquartier am See gefahren waren, um frische Vorräte zu holen, machten wir eine Woche später einen weiteren Ausflug nach Muskrat City. Diesmal hatten wir ein kleines Zelt, eine Axt und Lebensmittel für eine Woche dabei. Dort errichteten wir ein Lager aus Baumstämmen. Wir errichteten es auf einem Felsvorsprung oder einer schmalen, ebenen Fläche am steilen Hang, etwa siebzig Fuß über dem Talgrund. Der Felsvorsprung war gerade breit genug für unser Gebäude und die Feuerstelle davor. Auf dem Boden lagen viele Steine, mit denen wir die Feuerstelle bauen konnten. Wir wählten diese Höhe für unseren Bauplatz, weil er über dem Nebel lag, der sich nachts oft auf dem Talgrund, über einem Bach oder Teich niederlässt.

Eulenkopf über dem Dach des Sägewerks

Ein Bach, der den steilen Hang hinabstürzte und eine kalte Quelle darüber entwässerte, verlief nur dreißig Meter vom Lager entfernt und versorgte uns mit der Art von Trinkwasser, das wir in der Stadt für dreißig Cent pro Liter kaufen. Es handelt sich um ein Gut, das die Natur in der gesamten Bergregion großzügig verteilt. Auf jedem Hügel gibt es eine oder mehrere

Quellen mit reinem, weichem Wasser, das an den heißesten Sommertagen eine Temperatur von etwa vierzig Grad hat. Hier können dem Rheumatiker, dem Dispeptiker , dem Diabetiker und dem Menschen mit Nieren die Gifte aus seinem Körper ausgewaschen werden; während die balsamische Luft den Riss in seinem Atemapparat heilt. Diese Prozesse können voranschreiten, nicht während er auf der Veranda eines Hotels sitzt und über seine Probleme brütet, sondern während er campt, erkundet, fischt, jagt und seine Behinderungen vergisst.

Im Camp in Muskrat City.

Bige und ich machten viele Ausflüge nach Muskrat City und verbrachten viele Tage dort. Wir erkundeten einen großen Teil des angrenzenden Waldgebietes. In der Saison aßen wir häufig gebratenes Rebhuhn, Wildbret und anderes Wild, und ein paar Minuten Angeln an jedem Tag lieferten uns so viele Forellen, wie wir je essen wollten. Wenn wir eine Abwechslung in der Ernährung brauchten, gingen wir vielleicht etwa drei Kilometer flussabwärts zu einem Teich und fingen einen Haufen Groppen oder Frösche.

Wir lernten viele Pelztiere kennen, die in der Nachbarschaft lebten. An ihnen interessierte sich Bige sehr, da er sich immer auf die Wintersaison freute, wenn er seine alte Fallenstellerlinie über die Berge bis in dieses Tal ausdehnen würde. Dies war tatsächlich einer der Gründe, die ihn zum Bau des Lagers veranlassten. Es bot ihm einen Schlafplatz am äußeren Ende seines Fallenstellerkreises.

Persönlich habe ich mich viele Jahre lang nicht mit dem sehr anstrengenden Sport des Fallenstellens beschäftigt. Ich werde daher den Fallensteller stellvertretend vertreten. Wenn der Schnee im Wald zwischen vier und fünf Fuß hoch ist, kann man mit Schneeschuhen über die Wipfel von Hexenbüschen und viel anderem Unterholz wandern, das im Sommer das Reisen erschwert. Dennoch ist es kein Kinderspiel, ein Paar Schneeschuhe fünfzehn oder zwanzig Meilen am Tag zu schleppen, hundertfünfzig Fallen zu besuchen, sie neu zu beködern und neu einzustellen, die gefangenen Tiere zu häuten und die Häute nach Hause zu tragen. All dies muss natürlich oft dann durchgeführt werden, wenn das Thermometer weit unter Null liegt. Bei einer so langen Fanglinie wie dieser war eine komfortable Pension am äußeren Ende der Schleife aus vielen Gründen sehr wünschenswert.

Einer der häufigen Besucher des Baches, der durch Muskrat City unterhalb unseres Lagers am Hang floss, war ein Nerz. Sie fing oft kleine Forellen, die zwischen drei und fünf Zoll lang waren. Einige davon wurden an Ort und Stelle gegessen, andere wurden zu ihrem Nest in einem Loch im Ufer getragen. Sie wurden zweifellos an ihre Familie aus neun halbwüchsigen jungen Nerzen verfüttert.

Ein Nerz

Der Nerz ist ein kleines Tier mit einem langen, schlanken Körper und kurzen Beinen. Der Gang ist mit nach oben gewölbtem Rücken eher ungeschickt, kann aber schnell und anmutig eine federnde, hüpfende Bewegung ausführen. Auf diese Weise legt es oft weite Strecken zurück. In einer Landwirtschaftsabteilung rauben Nerze den Hühnerstall aus, fressen Eier und töten junge Hühner. In den Wäldern fangen Nerze Mäuse und Frösche und fressen Eier von Wasservögeln, sind aber auf kleine Fische spezialisiert. Beim Nerzfang ist ein Stück Fisch ein guter Köder. Für die Herstellung eines Pelzkleidungsstücks, das ein Mensch tragen kann, wird eine große Anzahl von Nerzfellen benötigt. Angesichts der geringen Größe erhält der Fallensteller jedoch einen guten Preis für ein Nerzfell.

Auf dem Hügel hinter unserem Lager sieht man manchmal einen Marder, der ein Eichhörnchen über den Boden jagt, einen Baumstamm hinauf, durch die Äste, von einem Baum zum anderen springt und das Eichhörnchen fängt und frisst. Uns ist es egal, ob er das tut. Das Eichhörnchen frisst die Eier des Rebhuhns und wir sympathisieren mit dem Rebhuhn.

Der Marder ist eines der anmutigsten und schönsten Tiere unserer Wälder. Er hat ein sattes braunes Fell und lebt in abgelegenen, unzugänglichen Teilen der Wildnis. Er ist scheuer gegenüber dem Menschen als der Nerz. Er ist außerdem etwa drei- bis viermal so groß wie ein Nerz und greift manchmal einen Nerz oder ein Kaninchen an und tötet ihn. Der Marder variiert seine Ernährung, wenn möglich, indem er Nüsse und kleine Früchte frisst.

Der Marder baut ein Nest aus Moos, Gras und Blättern, in einem hohlen Baum oder Baumstamm oder zwischen Felsen. Man hat sie auch in einem Eichhörnchennest gefunden, vermutlich nachdem sie die Eichhörnchen getötet hatten. Ködern Sie Ihre Marderfalle mit einem Streifenhörnchen, einer Waldratte oder einem Stück Fleisch.

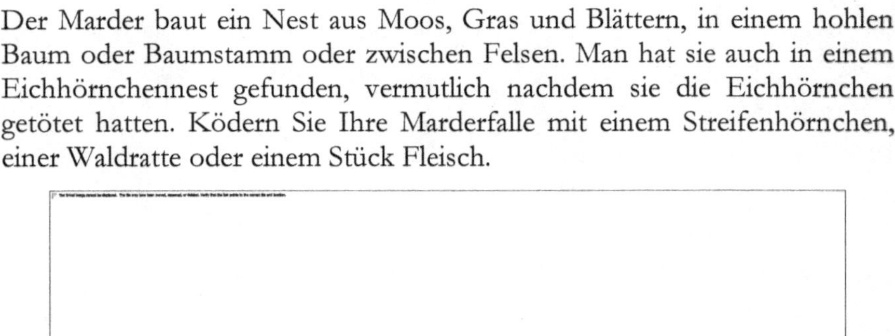

Ein Marder

Manchmal schlenderte ein Waldmurmeltier über einen der Wege im Gras der Wiese. Ein Bauer würde sich energisch gegen die Anwesenheit eines Waldmurmeltiers auf seiner Wiese wehren, wo dieses Tier eine überraschende Menge Klee vernichten würde. Auf dieser Waldwiese hatte niemand etwas dagegen, und da das Waldmurmeltier weder Fisch noch Fleisch frisst, wurde es nie belästigt. Seine Frau muss jedoch auf ihre Jungen aufpassen, da es in diesem Wald mehrere skrupellose Bewohner gibt, die sie ohne die geringsten Bedenken fressen würden.

Ein anderer Kerl streifte durch unser Tal, obwohl er auf den Bergrücken lebte. Er ist größer als ein Marder und ebenfalls ein hübsches Tier, allerdings von etwas anderer Art. Er erreicht manchmal eine extreme Länge von dreieinhalb Fuß und wiegt achtzehn bis zwanzig Pfund. Er ist als „Fischer" bekannt. Manchmal auch „Schwarze Katze" oder „Schwarzer Fuchs" genannt. Der Fischer ist sehr wild und wird von allen Tieren gefürchtet, die nicht größer sind als er. Er ist kraftvoll und wendig; der schnellste und tödlichste aller kleineren Waldfleischfresser. Er tötet Marder, Nerze, Waschbären, Bisamratten, Kaninchen und manchmal auch einen Fuchs. Ein Fischer greift ein Stachelschwein an, kippt es um und beißt ihm in den Bauch und in die Unterseite des Körpers, wo es keine Stacheln gibt. Dennoch findet man bei gefangenen Fischern häufig Stachelschweinstacheln in der Haut und an verschiedenen Körperstellen.

Der Fischer fängt Forellen und bekommt größere, als der Nerz sättigen würde, also ist er kein Freund von uns. Der Fischer wird auch des Verbrechens angeklagt, der Spur des Fallenstellers durch den Wald gefolgt zu sein, seine Fallen zu plündern und die darin gefangenen Tiere zu essen. Bige schwor, dass er „den Kerl im nächsten Winter kriegen" und „35 Dollar für sein Fell bekommen" würde. (Heute würde es eine viel größere Summe einbringen.) Das richtige Vorgehen wäre, eine zweite und größere Stahlfalle aufzustellen, sorgfältig abgedeckt und an einen Baum gekettet, aber ohne Köder, und zwar in einer solchen Position, dass der Fischer, wenn er sein eigenmächtiges Raubspiel beginnt, weitergeht und selbst in der zweiten Falle gefangen wird.

Da war natürlich unser alter Freund, der Waschbär. Er findet überall ein Lager, und wenn man nicht aufpasst, findet er die Lagervorratskammer und entkommt mit dem Essen. Der Waschbär hat Hände (Vorderfüße) wie ein Affe, und er kann sie ebenso geschickt einsetzen. Der Waschbär frisst alles, was ein Mensch isst, und noch einige andere Dinge. Er fordert seinen Tribut an Fröschen und Forellen, und er verschmäht nicht die Forellenreste, die wir für unseren eigenen Tisch zubereiten. Fast jede Art von Köder ist für die Waschbärfalle geeignet, und ein Automantel aus Waschbärfell ist für Mann und Frau geeignet, die den Preis dafür haben.

Rotfüchse hat man in unserem Stadtlager bei Tageslicht selten gesehen, nachts hat man sie jedoch oft bellen hören. Der Fuchs ist ein sehr interessantes Tier, und egal, ob er in einer offenen, von der Landwirtschaft geprägten Gegend oder im tiefen Wald lebt, man sagt ihm nach, dass er „von seinem Verstand lebt". Durch sein Handeln zeigt er bemerkenswerte Denkfähigkeiten und Anpassungsfähigkeit an auftretende Bedingungen, auch wenn diese vielleicht noch nie zuvor aufgetreten sind. Im Wald ähnelt seine Nahrung der des Marders, obwohl er nicht auf einen Baum klettern kann, um seine Beute zu fangen. Der Fuchs ist auf Rebhühner und andere Vögel spezialisiert, die am Boden nisten.

Was Fallen angeht, ist der Fuchs sehr schlau. Spuren im Schnee zeigen, wann er eine besucht hat, und es gelingt ihm normalerweise, eine Falle auszulösen, ohne darin gefangen zu werden. Egal, wie sorgfältig sie versteckt ist, er kann die Falle herausziehen, umkippen, von unten auslösen und dann den Köder herausnehmen (und tut dies auch oft). Jeder Fallensteller hat seine eigene Lieblingsmethode, um diesen schlauen Trick zu umgehen. Zu den beliebtesten Systemen gehört die Verwendung einer zweiten Falle ohne

Köder, auf die der Fuchs treten soll, während er mit der Falle mit Köder spielt.

Der Traum und die Hoffnung eines jeden Fallenstellers ist es, eines Tages einen ungewöhnlichen schwarzen oder silbergrauen Fuchs zu fangen, dessen Fell einen sagenhaften Preis erzielt. Ein solcher Fang wäre wie die Entdeckung einer Goldmine. Natürlich wäre ihr Fell weniger wertvoll, wenn diese ungewöhnlichen Füchse häufiger gefangen würden.

Die Tatsache, dass es trotz der Anzahl der Forellenfresser, einschließlich uns selbst, die in unserem Tal lebten oder umherstreiften, immer noch viele Forellen in den Bächen gab, war für uns ein schlüssiger Beweis dafür, dass es in der Gegend keine Otter gab . Ein Otter säuft die Forellen in wenigen Tagen aus einem Bach. Er frisst viele und lässt den Rest tot am Ufer liegen, dann zieht er zu einem anderen Fischfangplatz, zehn oder fünfzehn Meilen entfernt. Aber es gibt keinen Beweis dafür, dass nicht irgendwann im Winter ein Otter durch dieses Tal wandern könnte, wenn die Fallen aufgestellt sind. Der Otter ist ein großer Reisender; und in einem Pelzgeschäft ist er ein Aristokrat.

Die Hasen, weißen Kaninchen oder Schneeschuhkaninchen, wie sie auch genannt werden, gab es in und um Muskrat City in großer Zahl. Sie wurden oft in der frühen Abenddämmerung gesehen, selten mittags. Wie viele kleine Waldtiere sind sie nachtaktive Streuner. Zweifellos aus Schutzgründen hat die Natur dieses Tier, wie auch das Reh und einige andere, mit der Fähigkeit ausgestattet, die Farbe seines Fells mit dem Wechsel der Jahreszeiten zu ändern. Wenn im Herbst Schnee fällt, verliert diese Kaninchenrasse ihr braunes Sommerfell und bekommt ein neues Fell, das so weiß ist wie der Schnee selbst. Und wenn der Schnee im Frühling schmilzt und verschwindet, verliert der Hase sein weißes Fell und bekommt ein neues braunes Fell für den Sommer. Die Hinterfüße dieses Tieres sind außergewöhnlich groß, besonders im Winter, wenn die langen, gespreizten Zehen vollständig mit noch längerem Fell bedeckt sind und so breite, schneeschuhförmige Ballen bilden, die es ihrem Besitzer ermöglichen, sich frei auf tiefem, weichem Schnee zu bewegen. Es ist eine merkwürdige Tatsache, dass die Spuren, die dieses Tier im Schnee hinterlässt, große, sich ausbreitende Abdrücke der beiden Hinterfüße aufweisen, die vor den kleineren Abdrücken der Vorderfüße liegen, die am Ende eines Galopps immer nach hinten verlaufen.

Wenn dieses Kaninchen erschrocken ist, hat es die Angewohnheit, schnell mit den Hinterpfoten auf den Boden zu stampfen und dabei ein dumpfes Trommelgeräusch zu erzeugen, das über eine beträchtliche Entfernung gehört werden kann. Dieses Klopfen soll auch ein Signal sein, das während der Paarungszeit eingesetzt wird.

Vor einigen Jahren wurde ich Zeuge eines Kampfes zwischen einem dieser Kaninchen und einer Hauskatze. Das Kaninchen war ein Gefangener, umgeben von einem dichten Zaun in einem etwa sechzehn Quadratmeter großen Gehege, in dessen einer Ecke sich ein überdachtes Nest mit sieben jungen Kaninchen befand. Die Katze war in den Pferch geklettert und versuchte, ein Kaninchenbaby zu stehlen, als die Mutter auf den Rücken der Katze sprang und mit den Hinterpfoten und zweifellos mit ausgestreckten Zehennägeln ein schnelles Tattoo darauf schlug, während die Luft mit fliegendem Fell gefüllt war . Die Katze flüchtete über den Zaun, musste aber viele Tage lang mit schmerzendem Rücken herumlaufen und war nicht durch ihr normales Fell geschützt.

Das Schneeschuhkaninchen ist seinen zahlreichen Feinden im Wald im Allgemeinen schutzlos ausgeliefert und fällt dem Fallensteller leicht zum Opfer. Es ernährt sich streng vegetarisch und fügt in seiner Heimat, dem Wald , weder Menschen noch anderen Tieren Schaden zu.

Am auffälligsten waren jedoch die Bisamratten, denen die Stadt gehörte. Sie standen im Mittelpunkt des Waldes und erregten stets die meiste Aufmerksamkeit. Vielleicht lag das daran, dass es in unserem Tal mehr von ihnen gab als von jedem anderen Tier. Möglicherweise, weil die Bisamratte das zahlreichste Pelztier Nordamerikas ist. Es wird berichtet, dass 1914 in London zehn Millionen amerikanische Bisamrattenfelle verkauft wurden. Natürlich wurden im selben Jahr weitere Millionen auf den Pelzmärkten in verschiedenen Städten der Vereinigten Staaten verkauft.

Eine Bisamratte und ihr Haus

Die Bisamratte hat einen kompakten Körper, der von der Nase bis zur Schwanzwurzel etwa 30 cm lang ist. Der Schwanz ist lang, kahl und schuppig und leicht vertikal abgeflacht. Er dient im Wasser als Ruder. Die Hinterfüße haben kurze Schwimmhäute und sind ansonsten zum Schwimmen geeignet. Ihr Fell ist fein und dicht, durchsetzt mit langen, groben Haaren. Ihre Farbe ist dunkel umbrabraun, mit Ausnahme des Bauches, der grau ist. Sie hat einen moschusartigen Geruch aufgrund der Sekrete einer großen Drüse. Die Bisamratte ist sehr fruchtbar und bringt in der Regel mehrere Würfe pro Saison zur Welt, insgesamt oft bis zu 18 Würfe pro Sommer.

Bisamratten ernähren sich von Wurzeln und Stängeln saftiger Wasserpflanzen und anderen Gemüsesorten, gelegentlich auch von Fröschen, Fischen oder Süßwassermuscheln. Eine Bisamratte, die in der Nähe unserer Hütte lebt, hat die Angewohnheit, jede Nacht Muscheln zu öffnen und die Muscheln auf unserem Steg liegen zu lassen. Die Muscheln müssen wir morgens wegfegen. „Musky" baut auf dem Sumpf, am Rande eines Teiches oder in der Nähe eines Baches ein seltsames kegelförmiges Haus oder eine Hütte. Er lagert Wurzeln und Gräser für den Wintergebrauch und baut diese häufig mit Lehm in die Wände seines Hauses ein. Im Falle eines Mangels an anderen Nahrungsmitteln verzehrt er dann sein Haus.

Junggesellen oder unverpaarte Bisamratten graben manchmal Löcher in das Ufer eines Teiches oder Baches, um den Eingang unter oder in der Nähe des Wassers zu schaffen. Außerdem bauen sie manchmal Nester in verfilztem Gras oder einem Gestrüpp.

Ein Bisamrattenfell bringt dem Fallensteller einen geringeren Stückwert als jedes andere Pelztier, das er fängt. Aber er bekommt mehr davon, sodass der Gesamterlös aus seinem Fang bei günstigen Marktbedingungen wahrscheinlich zufriedenstellend sein wird. Bei der Herstellung von Pelzbekleidung nimmt die bescheidene Bisamratte jedoch eine wichtige Rolle ein. In einer Pelzfabrik wird ihr Fell durch den geschickten Einsatz von Pinzetten zum Herausziehen der groben grauen Haare, durch den Einsatz von Scher- und Sengemaschinen und mit Hilfe von Farbstoffen („made in Germany") in verschiedenen Farben wirksam getarnt und kommt nicht nur in größerer Zahl als die Felle jedes anderen vierfüßigen Tieres daraus hervor, sondern sieht auch völlig verändert aus und tarnt sich unter mehr verschiedenen Decknamen, als dies allen anderen Pelztieren zusammen erlaubt ist.

Beispielsweise könnte der ehemalige Bewohner von Muskrat City im Ausstellungsraum des Pelzhändlers als „Flussnerz", „Bergmarder", „Talmarder", „Fichtenbiber", „Bachfischer", „Hauswaschbär" auftauchen. „Hügelfuchs", „Süßwasserotter", „Hudson-Robbe" usw. usw. Manchmal leistet er auch unter einfacher „Bisamratte" gute Dienste.

In vielen Saisons seit unserem ersten Besuch haben Fallensteller vielen Bewohnern von Muskrat City die Mäntel vom Rücken genommen. Diese wurden umgestaltet und bedecken nun bei kaltem und heißem Wetter den Rücken von Frauen in anderen Städten. Auch ihre vierfüßigen Nachbarn haben viele Bisamratten gefangen und gefressen; Dennoch scheint die Kolonie genauso zahlreich zu sein wie zu dem Zeitpunkt, als wir sie zum ersten Mal kannten.

Seit Bige und ich Muskrat City auf die Karte gesetzt und das Lager auf dem Hügel darüber errichtet haben, ist zwanzig Winter lang Schnee im Wald gefallen. Andere Fallensteller sind Biges Spur durch den Wald gefolgt und haben ihren Tribut an den Einwohnern gefordert. Aber ich bin überzeugt, dass eine Volkszählung heute ergeben würde, dass Muskrat City in Bezug auf die Bevölkerungszahl durchaus mit einigen Städten in Iowa mithalten kann.

Zweifellos ist es eine weise Vorkehrung der Natur, dass die Tiere, Vögel und Fische, die am häufigsten getötet und von anderen verzehrt werden, sich am meisten vermehren. Eine solche Ausdünnung ihrer Reihen kann notwendig sein, um Hungersnöte, Krankheiten oder eine noch schlimmere Katastrophe abzuwenden. Angesichts ihrer vielen räuberischen Feinde, nicht zu vergessen den menschlichen Fischmörder, ist es erstaunlich, dass in einem Bach überhaupt Forellen von zulässiger Größe zu finden sind.

Geräusche der Waldnacht sind immer interessant. Während das Lagerfeuer brennt, sind die Waldbewohner in seiner unmittelbaren Umgebung im Allgemeinen ruhig. Für sie ist das Feuer ein ungewöhnliches Erlebnis. Es zieht sie an. Sie sind davon fasziniert, ebenso wie kleine Jungen von einem Zirkus, und während es brennt, unterbrechen sie wahrscheinlich ihre üblichen Beschäftigungen und beobachten das Flackern und Flackern des Feuers und die seltsamen Schatten, die es wirft. Viele der weniger Furchtsamen nähern sich vielleicht ganz nah, andere, die vorsichtiger sind, kreisen ruhig und vorsichtig in beträchtlicher Entfernung, aber immer im Blick auf das Feuer. Sollte es einmal zu leichtem Schneefall auf dem Boden kommen, verraten die am Morgen im Schnee sichtbaren Spuren die Namen der Besucher am Lagerfeuer.

Später in der Nacht jedoch, wenn das Feuer erloschen ist und nicht mehr zu sehen ist, werden die Nachbarn im Wald ihre üblichen Beschäftigungen wieder aufnehmen, und der wache Camper kann dem Getrappel eiliger Schritte lauschen, dem Kratzen der Zehennägel auf der Rinde, wenn ein Kletterer einen Baumstamm hinauf- oder hinabklettert, dem Schnüffeln des neugierigen Kerls, der das Lager beschnüffelt, dem Geplapper des Kerls, der mit sich selbst spricht, den Geräuschen beim Trampeln oder Springen, dem Plätschern im Bach, dem letzten verzweifelten Schrei eines kleinen Tiers, dem sein Entführer das Leben nimmt. Ein Reh, das leise auf seinem ausgetretenen Pfad schreitet, der das Tal hinunter zu einem Teich führt, wo es jede Nacht hingeht, um zu trinken, Pflanzen zu gießen oder sich einfach nur zu wälzen, kann einer Brise ausgesetzt sein, die den menschlichen Geruch in seine Nase trägt. Dann wird es in sein Horn blasen, das eine Meile weit zu hören ist. In einem solchen Fall ist der wache Camper nie im Zweifel darüber, wer gesprochen hat. Dasselbe gilt, wenn die Eule ihre ewige Frage „Wer?" über das Tal dröhnen lässt. Kein anderer Vogel oder anderes Tier spricht jemals in diesem Tonfall. Aber die meisten kleineren Geräusche der Waldnacht sind Gegenstand von Spekulationen. Man versucht immer instinktiv, jedes Geräusch zu analysieren und seinem Urheber zuzuordnen. Bei diesem Spiel ist eine genaue Kenntnis der Gewohnheiten der Waldbewohner nützlich, sodass man beim Frühstück im Lager am Morgen zuversichtlich behaupten kann, dass der und der letzte Nacht das Lager besucht hat!

Wenn Bige und ich, was manchmal vorkam, gleichzeitig wach waren, wurde die Frühstücksstunde durch unterschiedliche Meinungen und Diskussionen über die Gewohnheiten und die Identität unserer lauten Nachbarn interessant. Natürlich gibt es viele Vögel und einige Tiere, die nachts schlafen und nur tagsüber anzutreffen sind. Diese wurden in unseren Gesprächen nicht berücksichtigt.

Eines Nachts in Muskrat City wurden Bige und ich plötzlich von höchst ungewöhnlichen Geräuschen geweckt, die vom Hügel auf der anderen Seite des Tals herüberkamen. Bige sprang auf, setzte sich auf und rief: „ Leidende Katzen! Hast du das Geräusch gehört?" Ich hörte es und meinte, dass „die Katzen sehr litten". Sofort wiederholten sich die Geräusche, wenn möglich lauter als zuvor. Es wäre schwierig, diese Geräusche genau zu beschreiben. Wir mussten an die Auseinandersetzungen denken, die wir im Hinterhof zwischen zwei Thomas-Katzen gehört hatten, deren wortreiche Auseinandersetzungen über ihre jeweiligen Ansprüche auf „Mariah" oft in Kratzen und Haareziehen endeten. Ich habe jedoch nie einen Kater getroffen, der ein Zehntel der Lautstärke erzeugen konnte, die durch das Tal drang.

Es waren zwei Stimmen zu hören, eine etwas höher als die andere, und beide sprachen gleichzeitig. Beginnend mit einem leisen Klageschrei, der dem letzten verzweifelten Schrei einer verlorenen Seele ähnelte, die ins Verderben geht, folgten die Bemerkungen in Crescendo-Lautstärke aufeinander, und in immer schnellerer Geschwindigkeit feuerten die Teilnehmer Schimpfwörter ab, bis die knurrenden, sarkastischen Aussagen gerechtfertigt waren ausgespuckt und endete in Schreien, die meilenweit zu hören waren. Nach einer Pause von einigen Sekunden, in der die Streitparteien anscheinend ihre Positionen geändert hatten, wurde der Streit erneut fortgesetzt und verlief wie zuvor, nur dass mit jeder Wiederholung die Wut und Gewalt der

Streitenden zunahm. Auf dem Höhepunkt einer dieser Schimpftiraden hörte man das Kratzen und Kratzen von Zehennägeln auf der Rinde, während ein wortreicher Kämpfer den anderen den Stamm eines Baumes hinauf und durch die Äste zu jagen schien. Darauf folgten schnell zwei dumpfe Geräusche, als ein schwerer Körper nach dem anderen auf dem Boden aufschlug, dann das Zerbrechen von Stöcken und das Rascheln von Blättern und Gestrüpp, als die beiden Tiere den steilen Hang hinaufrasten. Das Rennen wurde von knurrenden, schnappenden Geräuschen unterbrochen, die in der Ferne verklangen, als die Sprachkämpfer über den Bergrücken zogen, bis die Geräusche schließlich unhörbar wurden. Es war eine dunkle Nacht und wir konnten zu keinem Zeitpunkt, auch nicht undeutlich, einen Blick auf die Schrottarbeiter erhaschen. Wir spekulieren immer noch und fragen uns, wer oder was sie waren.

Diese Geschichte wurde vielen Jägern und Fallenstellern erzählt, die die Wälder der Adirondack Mountains kennen. Man hat nach Meinungen zur wahrscheinlichen Identität dieser angriffslustigen Tiere gefragt. Bisher wurde keine plausible oder vernünftige Vermutung geäußert. Einige der alten Hasen sagen, die Geschichte erinnere sie an Erlebnisse vor fünfzig oder sechzig Jahren, als der Fuchsluchs, der Rotluchs oder die Wildkatze diese Wälder und Berge zu ihrer Heimat und ihrem Jagdrevier machten; sie wurden jedoch ausgerottet. Seit mehr als einer Generation wurde keine dieser Katzen mehr gesehen.

Weder Bige noch ich kennen ein Tier, das die besonderen Geräusche machen kann, die wir in jener Nacht in Muskrat City gehört haben. Wir vermuten, dass die Wildkatzen möglicherweise zurückgekehrt sind.

In einem Winter kam es zu ungewöhnlich vielen Schneestürmen, die in rascher Folge aufeinander folgten, bis sich im ganzen Wald und auf dem Dach unseres Lagers in Muskrat City eine über fünf Fuß hohe Schneeschicht angesammelt hatte. Darauf folgten Regen und Frost, die den Schnee in Eis verwandelten. Das enorme Gewicht von Eis und Schnee erwies sich als zu schwer für das Dach und es brach zusammen. Im darauffolgenden Frühjahr fiel ein großer Ahornbaum über das Lager und zerquetschte es zu einem verworrenen, formlosen Wrack. Unser Blockhaus in Muskrat City ist verschwunden, aber als Erinnerung wird es für immer bleiben!

ENDE VON MUSKRAT CITY

9 789359 944081